INCREDIBLE
ANIMALS

原来世界这么奇妙

不可思议的动物

［意］敦尼娅·拉赫万　著

［意］保拉·福米卡　绘

林凤仪　译

GUANGXI NORMAL UNIVERSITY PRESS

广西师范大学出版社

·桂林·

目 录
CONTENTS

超级掠食者

在大自然的食物链顶端，我们见到了这样一些超级掠食者：小的时候，它们只是柔弱的小宝宝；长大之后，却变成战无不胜的大魔王。在捕猎过程中，有些掠食者善用谋略，有些则只靠凶猛强悍。有时候，甚至连人类都不是它们的对手。

猎豹

狩猎时，令人惊奇的奔跑速度是猎豹的秘密武器。在追上猎物的一瞬间，这种凶猛的猫科动物会闪电般捉住它们。虽然猎豹的体重足足有30千克，但它的时速能达到120千米，简直像行驶在高速公路上的汽车！生活在非洲和亚洲的猎豹要注意啦！在享受食物之前，记得回头看一眼：攻击性极强的狮子、鬣狗和其他猎豹正蠢蠢欲动，要夺取你口中的大餐呢！

虎鲸

　　想要捉到猎物，你得开动脑筋。作为群居动物，虎鲸们必须在狩猎活动中相互配合。这些超级掠食者技巧高超，配合默契，就连噬人鲨都逃不出它们布下的天罗地网。捕猎战术犹如流淌在虎鲸血脉中的基因，代代相传，并能根据猎物和环境的变化而变化。举个例子，在南极洲，虎鲸们如果看到趴在浮冰上的海豹，就会围着它游泳，掀起波浪，让海豹滑入水中……

美洲角雕

　　你在中美洲和南美洲的雨林中行进的时候，一定要小心这位"空中杀手"。尽管美洲角雕的翼展超过2米，它仍能凭借高超的飞行技巧在茂密的树林中灵活穿行。捕食时，在敏锐目光的帮助下，它能轻松锁定自己喜欢的食物，如树懒和猴子，然后箭一般直冲过去，用强有力的爪子捉住这些可怜的动物。

科莫多巨蜥

　　科莫多巨蜥是世界上最大的蜥蜴（最大的科莫多巨蜥体长超过3米，体重超过100千克），也是陆地上唯一的超级肉食性爬行动物。鹿、猪、水牛，乃至于人类，都是这个凶残肉食者的攻击对象。只要被它咬上一口，毒液就会侵入猎物的身体，哪怕猎物已经逃出"蜥"口，也逃不出死亡的手掌心：在这种情况下，科莫多巨蜥只要耐心地跟着猎物，等它慢慢死掉，就可以享用大餐了。

湾鳄

　　不管是谁，和湾鳄一同待在水里都是极其危险的。它是世界上最大的爬行动物，体长可达7米，体重可达1吨。湾鳄也保持着"最强咬合力"的记录：体长5米的湾鳄的咬合力可达2.55万千帕，被它咬住的猎物，相当于每平方厘米的面积上承受着255千克的压力！

貂熊

貂熊仗着凶猛无比，甚至敢向比它体形大的对手发起进攻，并取得胜利。它的"菜单"十分丰富，捕猎对象包括驯鹿、獐鹿、麋鹿、摩弗伦羊等。当这些动物陷在厚厚的大雪中动弹不得时，抓住它们简直易如反掌。貂熊喜欢"滥杀无辜"，它杀掉的猎物比吃掉的要多得多！

狼

对于狼来说，团结就是力量。狼群由3～30只狼组成，它们在捕猎时相互配合，将猎物团团围住或赶进死胡同。针对不同的捕猎对象，狼会采取不同的战术：面对驯鹿，狼群会紧追不舍，直到猎物力尽而亡；面对小鹿，狼群会一拥而上，撕咬它的脊背，直到这个可怜的小东西倒地死去。

噬人鲨

此时此刻，这条号称世界上最大的肉食性鱼正全神贯注，准备发动攻击。它会根据自己喜爱的猎物——海豹、海狮和海豚的繁殖时间和地点，不断调整自己的生活方式。一条成年雌性噬人鲨体重可超过3吨。别看块头这么大，它们追逐猎物的时速却能达到70千米。它们甚至还能在身体跃出水面时撕咬住猎物！

最强大脑

　　人类并不是唯一拥有智慧的物种。在动物王国，通过观察，我们发现许多动物都会做出令人惊讶的智慧行为。它们有推理能力，知道如何使用工具，能够彼此交流，还能从教训中吸取经验，甚至还会为未来做规划。

黑猩猩

　　黑猩猩的思维方式和人类十分相似，它们的逻辑推理能力和3岁的人类小孩不相上下。有的时候，这些非洲黑猩猩会教它们的孩子如何使用草药医治身体疾病，或者如何使用自然界中的工具获取食物。例如，用石头当作砧板和锤子来敲碎坚果，或者用棕榈树枝来捉蚂蚁吃，等等。

波西亚跳蛛

针对不同的猎物和狩猎情况，波西亚跳蛛会采取不同的策略：有的时候，它会跳到其他蜘蛛的网上，假装成猎物，等待其他蜘蛛靠近，在最后一刻发起进攻；有的时候，它会悄悄埋伏在其他蜘蛛的巢穴旁边，或是耐心地跟踪自己的猎物，等到距离够近的时候，在它们背后发起突然袭击。

新喀鸦

新喀鸦是鸟类界无可争议的天才。它们利用工具获取食物的能力可谓独一无二：这些鸟儿可以用嘴巴牢牢咬住一根小木棍，然后把它插进树干的缝隙或是地面上的小洞里，勾出藏在里面的小虫并把它们吃掉。

宽吻海豚

如果说智商很高的鲸类是海洋的"大脑"，那么宽吻海豚就是其中的"超级大脑"。不管是圈养宽吻海豚还是野生宽吻海豚，都能展示出非凡的智力。宽吻海豚不仅可以高效快速地解决问题，还能从经验中获得新知，不断提升自己。除了从失败和成功中汲取经验教训，宽吻海豚还拥有一颗善良的心：如果有小伙伴受伤，宽吻海豚不仅会保护同类，使它免受威胁，还会把它推出水面，让它自由呼吸。

非洲大象

多亏了雌象强大的记忆力，象群才能找到食物和沙漠中的水源。除此之外，研究人员还发现，仅凭一声象叫，象群的"女族长"就能判断出对方是敌是友。

非洲灰鹦鹉

这种鹦鹉来自非洲大陆，能通过理解单词的含义学习很多词语，甚至能说出前后呼应、有实际意义的句子。多亏了"天才鹦鹉"亚历克斯，这个物种才为人们所熟知。这个聪明的小家伙能从1数到6，还能理解许多抽象含义，如物体的形状和颜色。

章鱼

章鱼可能是最聪明的无脊椎动物。这个技术娴熟的猎人记忆力超群，它知道如何打开罐头，以及如何迅速解决简单的问题。章鱼还会把椰子壳和贝壳做成"盔甲"，来保护它们柔软的身体，使自己免受外界的攻击。

迷你杀手

这些迷你杀手的体长不超过20厘米，只要小小一口，微微一刺，或者轻轻一拳，受害者的生命就会终结。小心点，不要打扰它们！因为对于有些迷你杀手来说，放倒一个大活人简直易如反掌！

雀尾螳螂虾

　　毫无疑问，水下的拳击冠军非雀尾螳螂虾莫属。当这种五彩斑斓的甲壳类动物心情不好或是想吃东西时，它就会使出一套"夺命虾虾拳"，把猎物打死，然后将其拖上餐桌。它的"大餐"通常是软体动物和甲壳类动物，也有比自己体形还大的鱼类。它那对强壮有力的前螯不仅可以在瞬间将贝壳击碎，还能把水族馆的玻璃打得粉碎。

沙漠中的超级千足虫

它的体长不过20厘米左右，却是世界上最危险的千足虫之一。这名"无脊椎杀手"藏在北美洲的沙漠和灌木丛中，那对长满尖刺的前足就是它的秘密武器：当千足虫跳到猎物身上时，尖刺会刺破猎物的皮肤并注入强力毒药，使猎物立刻全身麻痹，动弹不得，再也无法从它的身下逃脱。

子弹蚁

虽然听起来不可思议，但这是真的：如果你被这几厘米长的小昆虫咬上一口，身体疼痛的程度不亚于挨了一枪。这小小一口虽然不会致命，但会让人非常痛苦，疼上好一阵子。

印度红蝎子

在印度、巴基斯坦、尼泊尔和斯里兰卡，这种体长不到8厘米的蝎子每年都能"收割"一大批受害者的性命。对于人类来说，印度红蝎子极端危险，轻轻一蜇就能置人于死地。这种性格羞涩的"夜行者"经常在黑暗中外出觅食。只要一发现猎物的行踪，它就会立刻发动"毒刺攻击"。

鸡心螺

不要被它美丽的外表迷惑，这种来自印度洋、太平洋海域的海螺其实是个心狠手辣的大魔头。鸡心螺的捕猎技术令人拍案叫绝：一旦猎物出现，它会张开嘴巴，等猎物走进"有效射程"，就将鱼叉状的齿舌从嘴巴里弹射出去，喷出毒液，使猎物瞬间麻痹，然后收起齿舌，将已被制服的猎物拖入口中。

伊鲁坎吉水母

伊鲁坎吉水母是目前已知的全世界最小也是极为致命的"水母杀手"。它的体积不超过1立方厘米，但伞盖和触手上都覆盖着带有剧毒的刺细胞。只需要轻轻一蜇，包括小鱼在内的猎物就会立刻昏迷，成为伊鲁坎吉水母的"大餐"。伊鲁坎吉水母主要出现在澳大利亚周边海域。它们是如此脆弱，以至于根本无法在水族箱里生活，因此很难对它们展开研究。

蓝环章鱼

这种生活在西太平洋的小章鱼体内含有的毒素甚至可以放倒一个成年人。蓝环章鱼的体长不超过5厘米，触角长度不足10厘米，却被认为是毒性最强的海洋动物之一：它的唾液中含有大量毒素。它用触手牢牢捉住猎物后，就会把毒液直接注入这些猎物的体内。

模仿秀冠军

作为一种生存策略，许多动物都会模仿其他动物的颜色和形状，或者试着让自己和环境融为一体。这样做的目的是骗过捕食者，或者将自己隐藏起来，不被猎物发现。

兰花螳螂

在印度尼西亚、马来西亚的雨林中，这种小昆虫完美地和兰花花瓣融为一体，随时准备发出致命的一击。兰花螳螂或是站在那里一动不动，或是轻轻摇摆身体，模仿花朵被风吹动的样子，等待傻乎乎的昆虫飞到"花朵"上采蜜。没错，就是现在！兰花螳螂伸出满是尖刺的有力前肢，牢牢地捉住猎物：这下它可跑不掉啦！

斑竹花蛇鳗

有些动物无毒无害，也没有可以用来进行自我保护的武器，只好模仿其他动物的颜色和行为，假装成另一种攻击性强的有毒动物来迷惑捕食者。斑竹花蛇鳗会伪装成毒性极强的钩鼻海蛇，连游泳的姿势都模仿得惟妙惟肖，让人几乎无法分辨。

装饰蟹

这种甲壳动物没有保护自己的武器。为了在天敌环伺的恶劣环境中生存，装饰蟹不得不学会伪装自己，找一些珊瑚、海葵或者海绵放在背上。装饰蟹身上长着一种特殊的钩状刺毛，可以像尼龙搭扣一样把伪装物紧紧地固定在自己身上。完成"换装"之后，装饰蟹开始四处溜达，寻找食物。不过，它们可得留神背上珍贵的装饰品，千万别在"逛街"的时候弄丢了，不然就危险了！

花豹

花豹身上的斑点是它们伪装的利器。这种猫科动物皮毛上的花纹样式与它生存的环境有很大关系。举个例子，如果花豹生活在光线昏暗的茂密森林或灌木丛中，身上的斑点就会形成不规则的复杂图案，帮助它们和周围的环境融为一体，这样猎物就不会发现它们靠近。

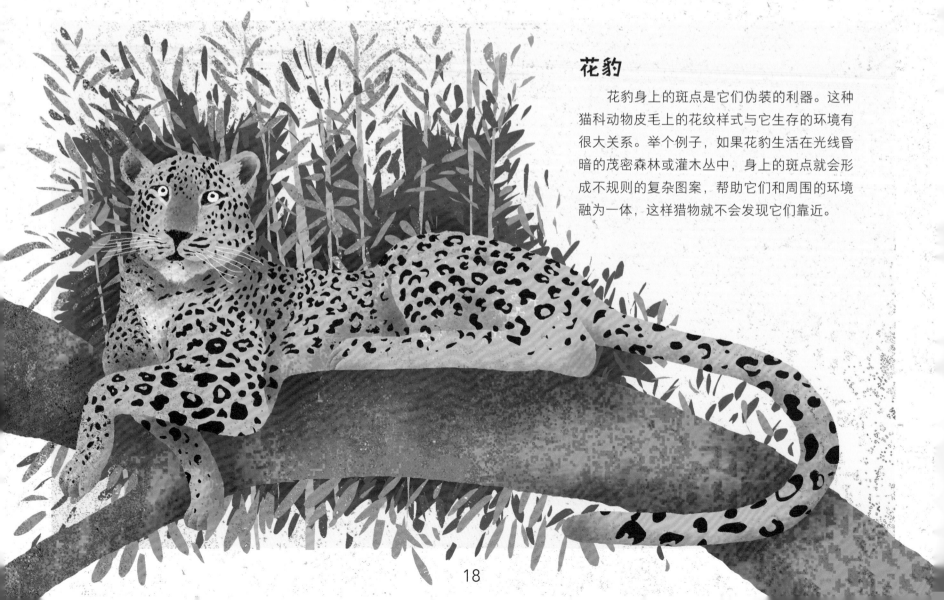

叶尾壁虎

这种壁虎生活在马达加斯加。如果想在树上看到它们的身影，你得是个真正的专家。当叶尾壁虎紧贴在树干上时，它就会和树皮融为一体。这是一种相当高明的策略：既可以等待猎物，又可以避免被天敌发现。在这场难辨真假的"模仿秀"中，酷似树叶的尾巴是最后的点睛之笔。

乌贼

乌贼可以在极短的时间内改变自己的颜色，和环境完美地融为一体。这种神奇的变装技术归功于色素细胞，即含有色素的特殊细胞。这种软体动物还能伪装成藻类：它不仅可以皱起身体表面的皮肤，模拟海底植物的外貌，还能通过摆动自己的触手模仿藻类的动态。

雷鸟

每当冬季来临，雷鸟就会换上一身白色的羽毛，只有头顶和拖在身后的尾巴是黑色的。这身"衣服"不仅可以御寒，还能让它在白雪皑皑的山上成功"隐身"。夏天的时候，雷鸟就换了风格，穿上一身棕色的"衣服"，和灌木丛、矮树丛以及草原一个颜色。无论穿哪套"衣服"，捕食者都很难发现雷鸟的身影。

疯狂的大嘴

    自然栖息地的环境和食物都影响着动物的日常生活，有时甚至会改变它们的外表。举个例子，为了提高进食效率，鸟类的嘴巴会进化成鞋子或者食物夹子的形状。

鹈鹕

想要欣赏这种鸟的特殊大嘴，你就要在钓鱼的时候格外留意。在鹈鹕的嘴巴下面，最引人注目的莫过于"皮肤喉囊"，这种特殊的结构像一张渔网，能增加嘴巴的容量，让鹈鹕捉到更多的鱼。这张大嘴能装好几升水，猎物也被关在里面。在享用大餐之前，鹈鹕会把水从嘴角排出去。

马来犀鸟

马来犀鸟的上喙和下喙看起来一模一样。头上那个巨大的角质物被称为"盔突"，它在马来犀鸟的社交生活中扮演着重要角色。在东南亚茂密的雨林中，盔突犹如一个扬声器，可以将声音传播出去，使相距很远的同类依然能听到马来犀鸟的叫声。在马来犀鸟生命的最初6年中，盔突不断地发育生长。它看起来很大很沉重，实际上却十分轻，因为它是由角蛋白构成的——和我们的指甲成分相同。

刀嘴蜂鸟

这种蜂鸟的嘴巴比身体还要长（尾巴的长度不计算在内）。体重10～15克的蜂鸟，就已经算"庞然大鸟"了。想要品尝长而窄小的花朵深处的花蜜，拥有一张剑一般修长尖细的嘴巴是必不可少的。吮吸花蜜的时候，刀嘴蜂鸟要不断拍打翅膀，保持与花朵几乎垂直的姿势，然后将嘴巴插入花冠中。

粉红琵鹭

这种来自美洲的大鸟的嘴巴好像食物夹子，非常适合捕捞小鱼、甲壳类动物、水生昆虫等生物。捕食时，粉红琵鹭把嘴巴张开一半，伸入泥沙底部左右扫动，把藏在里面的猎物全部赶出来，然后把它们吸进嘴里。

鲸头鹳

这种来自非洲的鹳鸟的嘴巴像一只大大的鞋子，可以用来捕杀体形很大的猎物。鱼是鲸头鹳的最爱，青蛙和小鳄鱼也逃不出它的大嘴。它的狩猎技巧十分笨拙，但非常有效：鲸头鹳站在水里一动不动，当猎物离它只有一步之遥时，它就立刻扑上去，像一块沉重的铅块般砸到猎物身上，然后用尖端锋利无比的大嘴牢牢钳住猎物。

巨嘴鸟

　　巨嘴鸟以举世罕见的大嘴名扬天下。在所有鸟类中，嘴巴占身体比例最大的就是它了。不过这张大嘴很轻，你一定很想知道原因吧？因为这张大嘴内部的骨质结构由多孔的海绵状组织构成，里面充满了空气。长长的嘴巴让巨嘴鸟可以够到树枝上的果实，啄出藏在树洞里的虫子。

剪嘴鸥

　　剪嘴鸥是唯一一种下嘴比上嘴长的鸟。为什么会存在这样的不对称性，至今仍然是个谜。不过这种形状的嘴巴在捕食的时候能发挥很大作用：剪嘴鸥把嘴巴伸进水里，掠过水面寻找食物，一旦接触到猎物——通常是小鱼——它的嘴巴会迅速合拢。哈，抓到啦！

火烈鸟

　　别看火烈鸟的嘴巴长得怪，却能很好地过滤杂质。这种个子高挑的鸟儿喜欢栖息在咸水湖边和泥泞海滩的浅水区，将嘴巴伸进泥里寻找食物：它能用嘴巴过滤水和不能食用的东西，吃掉藻类、昆虫、甲壳类动物和软体动物。由于嘴巴的构造十分独特，火烈鸟不得不弯下长长的脖子觅食，它还可以把脑袋完全浸入水中。

超级旅行家

成千上万的动物组成"迁徙大队"，跨越几千千米的距离，开始漫长的旅途。促成大迁徙的原因很多。大迁徙通常发生在动物生命中的重要时刻，如繁殖期或生存环境较为恶劣的时候。

角马

　　每年，全世界最壮观的动物大迁徙会在肯尼亚和坦桑尼亚之间拉开帷幕：100多万头角马努力寻找新的水源和食物，成千上万的斑马、瞪羚和黑斑羚，也会加入这支迁徙的队伍。事实上，参与迁徙的动物越多，单个动物被掠食者抓住的概率就越低。

灰鲸

　　这种巨大的海洋鲸类创下了哺乳动物的迁徙记录。多亏装在7条灰鲸身上的GPS定位系统，科学家们才能跟它们一起完成这趟旅程：它们在俄罗斯和墨西哥之间游了个来回。在这些灰鲸中，最引人注目的就是灰鲸瓦尔瓦拉：她在172天的旅程中创下了2万多千米的世界纪录。

北极燕鸥

　　北极燕鸥每年都会在南极和北极之间飞一个来回。一只北极燕鸥一生飞过的里程加起来，相当于在地球和月球之间往返3次。在飞行过程中，这种鸟儿的注意力高度集中，不会感受到饥饿和疲劳，它们只有一个目的：寻找条件适宜的地方来产卵、孵化和喂养雏鸟。

圣诞岛红蟹

　　在圣诞岛（印度尼西亚海岸附近的一个澳大利亚小岛）上，从10月底到11月中旬，整整两周的时间里，数以千万计的红蟹穿越热带森林，向海岸进军。它们将在那里产卵，繁殖下一代。

帝王蝴蝶

在墨西哥中部偏僻的冷杉林中，每年都有大约1亿只帝王蝴蝶聚集在这里，一起度过寒冬。冬季结束，它们会慢慢恢复活力，启程前往美国，在那里度过整个夏天，繁殖下一代。无数帝王蝴蝶随风而起、扶摇直上时，大概是整个昆虫界最令人叹为观止的神奇景象。它们能通过太阳和磁场确定方向，借助风的力量跨越几千千米的行程，这些蝴蝶真是太了不起了！

沙丁鱼

沙丁鱼洄游是世界上最令人心潮澎湃的"大赛事"之一：数十亿沙丁鱼沿着非洲南部的海岸线移动，形成了一道长度超过7千米的"沙丁鱼堤岸"。这场迁徙也引来了无数掠食者，如海豚、鲸和鲨鱼，它们在鱼群的身后紧追不舍。

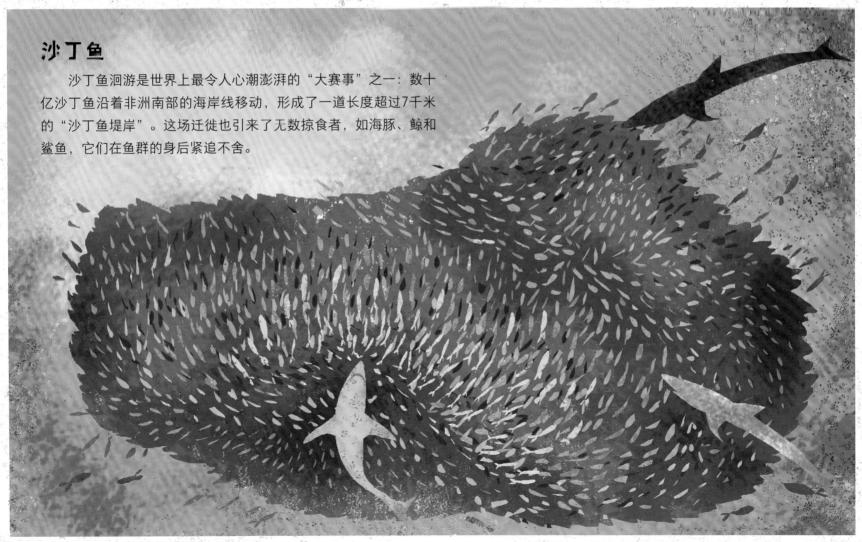

最佳拍档

　　在大自然中，不同物种的动物之间往往会结成出人意料的"联盟"，前提是这种关系能给双方都带来好处。这些动物和谐共生，互相帮助，一起分享食物，共享同一个安全的庇护所。有的时候，它们甚至可以在"野生动物美容院"中来一次彻底的"全身大清理"。

蝠鲼和"清洁鱼"

在珊瑚礁附近设有"清洁站",蝠鲼总喜欢在这里停留几分钟,让一群小鱼清理它身上的寄生虫和死皮。这支"清洁小队"由几种不同的小鱼组成,它们和谐地生活在一起,分别负责"客户"身上不同部分的清理工作。举个例子,隆头鱼主要清理鱼嘴和鱼鳃,而蝴蝶鱼主要处理伤口。这是一场互惠互利的合作:"清洁鱼"填饱了肚子,"客户"则降低了患病的风险。

长颈鹿和牛椋鸟

　　长颈鹿身上的某些部位确实很难清理，不过，这些都难不倒牛椋鸟。这种勤劳的鸟儿是清理伤口、消灭寄生虫的好帮手，深受非洲大型食草动物的欢迎。长颈鹿（还有斑马和黑斑羚等）非常享受鸟儿们细致又周到的"清洁服务"，任由鸟儿们把它的皮毛当作"超市"，尽情寻找自己需要的东西。

小丑鱼和海葵

　　小丑鱼生活在海葵丛中，这种友谊对双方来说都大有裨益。五颜六色的小丑鱼可以赶走海葵的天敌，驱逐那些想要吃掉海葵的"非法入侵者"。作为交换，海葵伸出有毒的触手，吓跑小丑鱼的掠食者，使得小丑鱼免受它们的侵害。小丑鱼体表有黏液，可以中和海葵的毒素，但是其他动物可没有这个运气，为了免受中毒的痛苦，它们不得不对海葵敬而远之。

海龟和鲫鱼

　　鲫鱼经常"搭便车"，粘在海龟身上四处旅行。事实上，鲫鱼是一个糟糕的"游泳运动员"，因为它没有鱼鳔——这种基本的器官可以帮助鱼类漂浮和移动。但是，为了生存，鲫鱼不得不一直游动，这样鱼鳃才能吸入氧气。因此，鲫鱼学会"搭便车"是十分必要的。作为回报，它会帮"车主"清理皮肤，吃掉海龟的食物残渣，避免浪费食物，也降低了海龟感染疾病的风险。

尼罗鳄和牙签鸟

　　早在古希腊时期，历史学家希罗多德就曾在他的著作中说：鳄鱼张开嘴巴，只是为了方便牙签鸟展开工作，帮它清理牙缝间的食物残渣。但是，现代科学家认为并非如此。

蚂蚁和蚜虫

　　蚜虫是一种以植物的汁液为食的小昆虫，它会生产出蚂蚁最喜欢的蜜露。为了能够时时品尝到这种珍贵的食物，蚂蚁成了蚜虫的"饲养员"：它们将蚜虫分成小组，赶到植物上"放牧"，并保护它们免受天敌的侵害。蚂蚁还会用触角不停拍打蚜虫的背部，促使它们分泌更多的蜜露。

建筑专家

为了能够休息、躲避天敌和抚育后代，动物们必须找到一个安全的地方，如果没有，那就只能自己造一个啦！这些大自然的"建筑师"充分利用环境提供的东西，或者自己动手生产必需品，设计并建造出结构复杂的建筑。有的时候，它们的作品甚至称得上"宏伟壮丽"！

园丁鸟

　　为了吸引异性，一些动物绞尽脑汁，方法用尽，把自己的家装饰得富丽堂皇。最有创意的建筑设计师非雄性园丁鸟莫属，这种来自巴布亚新几内亚和澳大利亚的小鸟不停地用各种各样、五彩缤纷的小东西来装饰自己的家园。它们把用树枝编成的鸟巢安置在树下的苔藓"地毯"上，入口处堆满石头、果实、甲虫和鲜花。我们也能在这里看到人类世界的东西，如塑料瓶盖。

美洲河狸

在哺乳动物的"建筑作品"中，最令人印象深刻的就是"河狸水坝"了。这些啮齿类动物沿河筑起"水坝"，用来保护自己免受掠食者的侵害。它们在水下挖出一个安全的巢穴，并在里面储存食物。

群居织巢鸟

在非洲南部，这种小鸟能在树上建造起全世界最大的鸟巢——那是一栋拥挤的"超级公寓"，有100多个房间，由300多只群居织巢鸟分工合作，共同建造而成。它们还经常换房间住呢！

非洲灰雨蛙

在非洲中部的热带沼泽中，生活着一种名叫灰雨蛙的两栖动物，它们会用自己的唾液筑巢。灰雨蛙用两条后腿疯狂"搅拌"吐出来的唾液，直到它变成一团紧实的泡沫球。它们把窝安置在远离掠食者的树枝上，树枝下面往往是平滑如镜的水面。灰雨蛙妈妈在窝里产下受精卵。窝的外壳会慢慢变硬，但是内部依旧柔软湿润。5天后，小蝌蚪们就出生啦！

络新妇蜘蛛

刚刚从虫卵中脱壳而出，络新妇蜘蛛就开始编织一张巨大的圆形蛛网。这张大网禁得住很重的物体，甚至能捉到小鸟和蜥蜴。这张"死亡之网"可以持续使用，被损坏时，络新妇蜘蛛会对它进行修补，而不是重新结网。

澳洲磁性白蚁

这种高度社会化的昆虫会建造巨大的泥巴宫殿，每一座都可供几百万只白蚁居住。在澳大利亚，这些白蚁窝矗立在树木中间，有两三米高。"白蚁公寓"的形状有些奇怪，看起来像一把把刀，东西面宽、南北面窄。这样的造型别有用途：宽阔的东西面可以在早晨或傍晚吸收太阳的热量，狭窄的南北面可以在烈日当空的中午免受阳光的炙烤。

满分家长

有些动物非常重视养育儿女。动物妈妈往往是最细心的，但是也有充满爱心、无微不至的动物爸爸。

帝企鹅

　　一遇到和小宝宝相关的事情，某些动物爸爸就表现得格外英勇，帝企鹅就是一个很好的例子。帝企鹅妈妈把它们唯一的"蛋宝宝"放在帝企鹅爸爸的脚上，并用帝企鹅爸爸下面的肚皮把它盖得严严实实的，然后就前往遥远的海边寻找食物。帝企鹅爸爸则独自留下，哪儿都不能去，连饭都没得吃，因为只有和其他帝企鹅爸爸挤在一起，才能保持"蛋宝宝"需要的温度。要这样挨过整整两个月，才能等到帝企鹅妈妈回来。这个时候，小帝企鹅也破壳而出了。帝企鹅爸爸终于自由了！

蝎子

　　蝎子虽然是有名的"冷面独行侠"，对自己的孩子却万分宠溺。母蝎子在身体里孵化幼虫，一窝可以产下30多只已经成形的蝎子宝宝。这些又白又软的小家伙刚一出生，就立刻爬上妈妈的后背。这个时候的蝎子妈妈攻击性极强，不管走到哪里，都带着自己的孩子，免得它们成为别人的食物。离开妈妈后，蝎子宝宝会成长为心狠手辣的大魔头，即使吃起同类来也毫不嘴软。

海马

　　每当繁殖期来临，雌海马就会在雄海马的"育儿袋"内产卵。从卵子在这里完成受精的那一刻起，忠实的海马爸爸就肩负起抚育后代的职责：几十天后，海马爸爸的"育儿袋"经过一阵强烈的收缩，好多迷你的海马宝宝就出生了。可真是累坏了这位新手爸爸呀！

猩猩

　　猩猩妈妈可比人类母亲辛苦多了。怀孕9个月，猩猩妈妈才诞下一只幼崽。刚出生的猩猩宝宝会紧紧抓住妈妈的皮毛。在它生命开始的最初两年，它都是在这个温暖的怀抱中度过的。大多数猩猩几乎是在树上度过自己的一生，因此，猩猩妈妈经常带着自己的宝宝在30多米的高空中飞跃腾挪。

袋蛙

　　袋蛙是两栖动物中的超级妈妈：为了保障孩子能拥有一个美好的未来，雌袋蛙制定了一系列复杂的策略。蛙卵一旦受精，就需要一个温暖潮湿的环境来孵化，而把它们丢在雨林中实在太过冒险。因此，袋蛙妈妈把受精卵放入果冻一样的黏液中，然后把它们装进自己背上的口袋里。小蝌蚪出生后，就会被袋蛙妈妈安置在凤梨科植物的叶子上，因为那里总会有一小摊积水，使得每只小蝌蚪都有一片属于自己的"小水塘"，它们可以在里面完成发育。等到它们长成青蛙的样子后，就可以离开这个"托儿所"啦！

密西西比鳄鱼

　　鳄鱼妈妈那张可怕的大嘴虽然令人望而生畏，对于小鳄鱼来说，却是这个世界上最安全的地方之一。鳄鱼妈妈一直守在巢穴附近，等到小鳄鱼破壳而出，鳄鱼妈妈就把它们小心翼翼地含在嘴里，一只又一只，动作极其轻柔。然后鳄鱼妈妈会把孩子们带到安全的地方，安置好这一群，再去接下一群。

睡眠大作战

　　动物的睡眠质量和它们的身体状况息息相关。不管是捕食者还是猎物，都需要放松时间。有的动物进入香甜的梦乡，一睡就是地久天长；有的动物则略施小计，打个盹儿就精神抖擞。

考拉

　　考拉是土生土长的澳大利亚动物，每天要睡18个小时左右，整天趴在树上一动不动，这个生活习惯让它名扬四海。考拉的一生几乎都在树上度过。它最喜欢的是桉树，这是它赖以生存的基础。考拉每天都要吃将近500克的桉树叶，除了睡觉和吃饭，它什么都不干，以免把珍贵的能量消耗在不必要的活动上。考拉怡然自得地趴在远离地面的树枝上，在这里，不会有掠食者来打扰它的美梦。

长颈鹿

为了避免落入狮子的血盆大口，长颈鹿无法享受长时间的睡眠，它们只能站着打个盹儿和趴下小憩一会，加起来一天只能睡两个小时。长颈鹿趴下的时候，会把脖子围成圆圈靠在后腿上，像一个真正的柔术运动员。不过，这种情况可是相当危险的：动物们最脆弱的部分——脖子，是完全暴露在外面的。

雨燕

雨燕可以长时间飞行，即使在睡觉的时候也是如此。为了避免摔到地上或是撞到东西，它们每次用"半个"大脑来休息，另外"半个"大脑保持清醒，这种睡眠方法被称为"半脑睡眠"。

蝙蝠

大头朝下，倒立着连续睡10多个小时，听起来似乎是一项不可能完成的壮举，但是对蝙蝠来说却不费吹灰之力。事实上，这个家伙整天都倒挂在树上。即使是睡觉的时候，蝙蝠的双脚也能自动抓紧树枝。

斑胸草雀

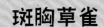

　　这种来自澳大利亚的小鸟以高超的歌唱技巧闻名天下，它们即使在睡觉的时候，也会在梦中"练习"复杂的旋律。科学家们发现，不管是清醒的时候，还是沉入梦境的时候，斑胸草雀大脑中的同一片区域始终活跃。或许，这种鸟儿就是想唱歌，连它自己都不知道自己到底是在做梦还是清醒着！

鹦鹉鱼

　　为了能够安睡一夜，在入眠之前，有些种类的鹦鹉鱼会把自己的身体裹进一个黏糊糊的泡泡里。根据海洋生物学家的说法，这个大泡泡能发出令人作呕的气味，可以掩盖鹦鹉鱼留下的气味，帮助鹦鹉鱼在黑暗中摆脱敌人的追踪。

河马

　　白天的时候，这只巨大的非洲哺乳动物会把它的大肚皮浸在水里，躲开热辣辣的太阳，以免被晒伤。因此，河马学会了一边潜水一边睡觉的技能。这只食草动物一会儿完全浸入水中，朝着水底最深处下沉，一会儿又浮到水面上，把两个鼻孔伸出水面呼吸。这两个阶段交替出现，可是河马全程都处于无意识状态，根本没有睡醒！

暗夜中的光芒

在黑暗的环境下，有些动物会发光。这样做的原因有很多，如保护自己、寻找猎物、繁衍下一代或伪装自己。当你看到海底深处有亮光时，千万不要惊讶，同样，陆地上的动物也会采用这种不可思议的战术。

蝰鱼

　　蝰鱼是深海中最凶猛的捕食者之一，它的捕猎技巧称得上登峰造极。体长35厘米左右的蝰鱼会张开血盆大口，靠身体侧面和背部等处的发光器把猎物吸引到身边。这种不可抗拒的"鱼饵"引诱着猎物不断靠近，等到它们和自己的距离足够近，这位捕食者就将它们"囚禁"在自己的尖牙利齿之间。顷刻后，这些倒霉蛋就已经被蝰鱼整个吞掉了。

幽萤马陆

幽萤马陆是唯一一种已知的会发光的千足虫，生活在美国加利福尼亚州内华达山脉的一小片区域内。它们总是在夜晚出动，发出蓝绿色的荧光照亮灌木丛，这是在对掠食者发出警告："危险！不要靠近我！"幽萤马陆如果受到威胁，就会分泌含有氰化物的毒液。

灯笼乌鲨

灯笼乌鲨是世界上最小的鲨鱼之一，生活在黑暗的海洋深处。这种发光生物的"发光器"会在某些情况下释放光芒。例如，在繁殖期，在黑暗中点亮一盏"灯"能帮助它们更快找到"对象"。灯笼乌鲨的背鳍也可以发光，以此来吓退掠食者。

夏威夷短尾乌贼

夜幕降临，一只发光的乌贼在水中游来游去。它依靠身体内的发光细菌发出光亮。这种来自夏威夷的短尾乌贼生活在浅水区域，白天的时候躲在一层薄薄的沙子下面，太阳落山才出来觅食——举着天然的"小火炬"寻找小型甲壳类动物。在月光照射的水面下，夏威夷短尾乌贼发出的光芒可以消除它在月光下造成的阴影，从而在掠食者眼中"隐身"。

铁路毛虫

南美竖毛甲属幼虫和成年雌虫被称为"铁路毛虫"，因为在黑暗中，它们身体的侧面和头部会发光，看起来就像一列在夜间行驶的火车，从车窗中透出点点灯光。发光既可以帮助它们在黑暗中寻找猎物，也可以警告敌人："别过来，我有毒！"

萤火虫

夏天开始的时候，成千上万的萤火虫已经发育完全。现在，它们展开翅膀飞向天空，开始"求爱大作战"。它们发出冷光，想要吸引交配对象的注意。雄性萤火虫放出"光信号"来吸引雌性，一般来说，只有和它同一种类的雌性萤火虫才会收到这种"光信号"，因为每种萤火虫都有独一无二的发光方式，那是它在黑暗中被对方一眼认出的秘密所在！

无 敌 怪 咖

　　你可能从来没听过这些动物的名字，在纪录片中也很少能看到它们的身影。它们的外表如此奇特，在众多动物中别具一格。这种稀奇古怪的外貌引起了科学家的兴趣，不过很多时候他们也无法解释大自然母亲的疯狂。

军舰鸟

　　在所有的求偶方式中，军舰鸟的招数可谓独树一帜。繁殖季节刚一开始，雄性军舰鸟就鼓起嘴巴下面的红色喉囊，想吸引雌鸟的注意。为了能够更好地展示笨重的"红气球"，雄性军舰鸟张开双翼，嘴巴朝向天空，等着成群的雌鸟飞过，好从其中选择一位伴侣。同时，雄性军舰鸟会发出类似打击乐的声音。这种求偶方式看起来有点傻，但不得不承认，这一招非常有效！

棘蜥

这只小小的爬行动物身上覆盖着许多尖刺，看起来令人毛骨悚然。事实上，棘蜥并没有攻击性，这身"盔甲"既可以用来吓跑掠食者，也可以帮助它在澳大利亚中部干旱的沙漠环境中生存下去。沙漠中的任何水分，如露水等，都会被吸收进棘蜥的皮肤里，然后顺着复杂的纹路流进它的身体内部。

红唇蝙蝠鱼

这种有着"烈焰红唇"的鱼生活在科隆群岛的海域中。尽管会游泳，但有时它也喜欢用鱼鳍伪装成"脚"在海底行走。一些科学家推测，之所以有这种奇特外形是因为雄性蝙蝠鱼想要利用"烈焰红唇"来吸引雌性蝙蝠鱼。

阿根廷铠鼹

对于阿根廷铠鼹，我们几乎一无所知。因为想要在自然栖息地观察到这种小动物，真是比登天还难。这种来自阿根廷的小动物大部分时间都生活在植被稀疏的沙地里，它会用强有力的爪子在沙丘下挖出一个洞，只有晚上才出来活动。况且，它无法被人工饲养，因为它承受不了压力，几天后就会死去。

指猴

或许是由于昼伏夜出的生活习惯，或许是由于与众不同的长相和叫声，马达加斯加居民认为指猴会带来厄运。这种和猫差不多大的灵长类动物有着极长的中指——当它从树洞里向外掏东西时，这是必不可少的工具。

高鼻羚羊

　　这种羚羊头部挂着一个巨型鼻子，让它看起来很特别。目前，我们还不能确定这种鼻子的作用。但是一些研究表明，宽阔的鼻腔除了加热、湿润空气外，还有利于过滤空气，免得灰尘被吸入肺部。当高鼻羚羊群向亚洲中部的草原迁徙时，它们的蹄子会掀起沙尘，那个时候，呼吸可就成了大问题。

小飞象章鱼

　　在海底的深渊里，活跃着各种各样的神秘生物。科学家在这里发现了一种小章鱼，它头部两侧的两片凸起，总让人想起迪士尼动画片中的那只小象，于是便得名"小飞象章鱼"。不过，那两片凸起并不是耳朵，而是一对鳍。

星鼻鼹

　　第一眼望过去，这不过是一种普普通通的鼹鼠。可如果你仔细观察一下，就会发现：那看起来像是一个整体的鼻子，竟然是由22个小小的肉质触手组成的。这种来自北美洲的小动物会移动触手寻找食物，比如，虫子或是虹蚓。星鼻鼹即使几乎看不见，在鼻子的帮助下，也能成为优秀的猎手。

超级忍者

　　极寒酷热、食不果腹、生老病死，是动物需要面对的难题。为了生存下去，它们不得不学会忍耐，表现出非同寻常的好脾气。这些超级忍者带着它们的进化战略冲向战场，把生命的禁区变成自己的栖息地。换一种方式生活，生命依旧精彩！

驯鹿

　　只有极少数生物能在北极生存下来，那里的温度可以达到零下40℃。多亏一系列独特的身体构造，驯鹿才能完美地适应那里极端的环境：驯鹿的心脏很大，这样才能供给它足够的力量；它的眼睛会随着夏季和冬季的变换而发生改变，以此来适应极光的变化；驯鹿的毛发是空心的，呈圆锥形，可以收集并保存热量；鼻子则可以起到加温的作用，避免冰冷的空气进入肺部。最后，驯鹿的蹄子可以随着季节更替而变化：夏天的时候，蹄子下面有一层海绵状的垫子，适合在柔软的苔原上行走；当冬季来临时，垫子不见了，只露出坚硬的蹄子，用来踩碎冰块，寻找食物。

灯塔水母

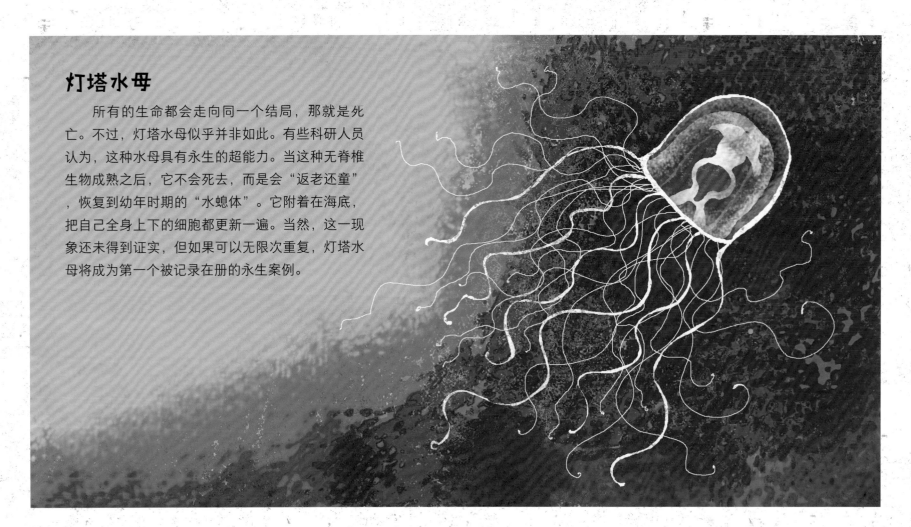

所有的生命都会走向同一个结局，那就是死亡。不过，灯塔水母似乎并非如此。有些科研人员认为，这种水母具有永生的超能力。当这种无脊椎生物成熟之后，它不会死去，而是会"返老还童"，恢复到幼年时期的"水螅体"。它附着在海底，把自己全身上下的细胞都更新一遍。当然，这一现象还未得到证实，但如果可以无限次重复，灯塔水母将成为第一个被记录在册的永生案例。

水熊

即使在极端恶劣的条件下，水熊也能生存。这种体长不超过1.5毫米的小虫子可以降低身体机能，在南极冰层下冬眠，活上30多年不在话下。它可以产生一种特殊的蛋白质，使细胞保持原有的状态而不被损坏。

洞螈

洞螈在洞穴里度过它的一生，那里湿度很高，食物匮乏，几乎没有阳光。如果能找到伴侣，简直是一项不可思议的壮举。洞螈生活在意大利东部和巴尔干地区，已经逐渐习惯了恶劣的生存环境，它们的眼睛早已退化，新陈代谢的速度低到不能再低，甚至可以10年不吃东西！

裸鼹鼠

这种哺乳动物生活在东非的地下，它和小伙伴一起挖掘出复杂的巢穴。这一种群的组织形式和蚂蚁很相似。科学研究发现，裸鼹鼠可以在没有氧气的情况下存活将近20分钟，而且没有任何不良后果。

木蛙

又叫阿拉斯加林蛙。为了抵御冬季的严寒，这种来自北美洲的两栖动物能在全身被冻成冰块的情况下进入休眠状态。木蛙身体的35%～45%可以完全被冻结成冰，呼吸、心跳和血液流动都可以完全停止。当气温上升后，这些会重新恢复正常。

耳廓狐

为了在干旱的沙漠地区生存下去，"沙漠之狐"——耳廓狐几乎不需要喝水，而是以水果、树叶和草根补充水分。虽然那对长达15厘米的大耳朵或许和小小的脑袋并不协调，却能帮耳廓狐散热，也能帮助它听到沙漠中微小的声音，是它寻找猎物不可或缺的工具。

七彩世界

动物们穿上五彩华服，以此征服自己的另一半，或是警告天敌："我很危险！我有毒！吃我会消化不良！离我远点儿！"然而，在某些情况下，这些斑斓色彩的意义仍然是个谜，等待我们去揭开它们神秘的面纱。

变色龙

　　这种爬行动物总是试着让自己和周围的环境融为一体。每当繁殖季来临，变色龙会改变皮肤的颜色；心情变化时它也会变色，比如，受到惊吓，或者和自己的死对头狭路相逢。变色龙向来独来独往，如果遇到同类，会在几秒钟内改变自己的颜色，以此和对方交流。当然，环境也是其变色的重要因素：如果气温很高，变色龙身上的颜色会变淡，这样有利于散热。

红眼树蛙

　　这种昼伏夜出的两栖动物生活在中美洲的热带雨林中。尽管穿着一身色彩鲜艳的外套，但它无毒无害。这样鲜亮的色彩搭配释放出"危险，请勿靠近"的信号。遇到敌人，红眼树蛙轻轻一跳，红色的大眼睛扑闪扑闪，就能把敌人吓得呆若木鸡。趁着这个机会，它可以轻松脱身。

海蛞蝓

　　海蛞蝓还有另一个更为家喻户晓的名字：海兔。它经常穿着色彩鲜艳的衣服在海里耀武扬威，仿佛在向掠食者宣告："我有毒！"事实上，这种软体动物能从猎物身上吸收毒素——尤其是海葵和水母——然后将其作为自卫的武器。

山魈

　　对于这种生活在非洲西部的猴子来说，雌性山魈和小山魈的颜色相对单调，而雄性山魈脸上的色彩让人眼花缭乱。这些鲜艳的颜色在社交领域起到不可替代的作用：雌性山魈只会选择身强力壮、色彩艳丽的雄性山魈作为自己的伴侣。

紫胸佛法僧

　　这种非洲鸟儿的羽毛绚丽多彩，看起来像假的一样。它是世界上颜色最丰富的动物之一。想要区分紫胸佛法僧的性别并不容易，因为雌鸟和雄鸟十分相似。紫胸佛法僧遵守"一夫一妻制"，有很强的领地意识，会积极驱逐入侵者。至于其五彩羽毛的用途，我们至今还没研究出来。

刺毛虫

在大自然中，鲜艳的颜色（如黄色和红色，也包括黑色和白色）表示"小心，危险！"。尤其是几种颜色同时出现时，危险等级也加倍。五颜六色的刺毛虫就是一个很好的例子：被它蜇一下可不得了，痛感是被黄蜂攻击的3倍。

火喉蜂鸟

这种来自中美洲的鸟儿披着一身绚丽闪耀的"羽衣"，最特别的是喉咙和胸部的羽毛，颜色会随着观赏位置的不同发生变化。当阳光照射在火喉蜂鸟的羽毛上时，羽毛会反射不同波长的光，这就是我们能看到它身上有各种颜色的原因。简直太神奇了！

鸳鸯

这种小鸭子在中国、俄罗斯、韩国和日本很常见。在繁殖季节，雄鸟炫耀着身上艳丽多彩的羽毛，想要吸引雌鸟的注意。和雄鸟身上五彩缤纷的"礼服"相比，雌鸟身上的色彩要单调得多，不过这身朴素的"衣服"很适合孵化鸟蛋和抚育雏鸟，因为它们很难被掠食者发现。

花斑连鳍

在太平洋西部的珊瑚礁附近，有一种形状奇怪的小鱼，体长6厘米左右。它那套光彩夺目的"服装"有什么用处，我们目前还无法确定，但这样的"服装"似乎可以帮助花斑连鳍吸引异性，避开掠食者的攻击。花斑连鳍的皮肤能释放毒素阻止敌人的进攻。

动物也 "疯狂"

动物们偶尔也会"疯狂"：在享用大自然中的某些食物后，会出现一系列荒唐的行为。这是大自然的谜团，动物们出现这些行为时，会变得敏感脆弱，处境也更危险。科学家也无法解释为什么它们在"疯狂"后还会不停地寻找和食用"狂欢食物"。

袋鼠

在澳大利亚出现的"罂粟田怪圈"不是外星人留下来的遗迹，而是袋鼠的杰作。这些有袋动物进入罂粟田后，立刻就被这种植物迷住了，大嚼特嚼，几分钟内就失去理智，开始在罂粟田里一圈一圈地跳跃，直到倒在地上睡着。这时，袋鼠无法抵抗任何潜伏的天敌。不过，它们似乎很享受这种"迷幻"的经历，睡醒后，还会回到种植园里大吃大嚼。

猫

猫对"猫薄荷"爱到痴狂。"猫薄荷"这种植物具有很强的刺激性。小猫对着它的叶子闻一闻，舔一舔，再放入嘴巴里嚼一嚼，然后就开始在地上打滚儿，到处乱跳，和想象中的敌人打架。不过，这种植物只对大约三分之二的猫起作用，因为食用"猫薄荷"也是一种需要继承的"天赋"！

黑猩猩

一些灵长类动物会筛选并食用某些植物来调整自己的心情。举个例子，生活在加蓬和刚果森林中的黑猩猩喜欢食用非洲木本植物伊博格的根。强壮的黑猩猩会把这种植物连根拔起，然后整株吞掉。吃完之后，黑猩猩就开始四处乱跳，手舞足蹈，有时甚至会突然发狂，像是被幻想中的东西吓到了一样。有的黑猩猩还会喝竹酒，醉了之后先是欣喜若狂，然后又会大哭大闹。

山羊

在高山草甸上，山羊们热切地寻找着毒光盖伞（一种蘑菇）。比起草和其他更有营养的食物，这种草食动物更喜欢吃这种蘑菇，而且一吃就停不下来。毒光盖伞有很强的致幻性，会让山羊们做出许多诡异的行为。它们会笨拙地到处乱跑，毫无目的，一边跑一边疯狂地甩头。还有些山羊很喜欢吃"致幻地衣"。为了将地衣从岩石表面刮下来，就算将自己的牙齿磨短，甚至磕坏牙龈，它们都在所不惜。

北美知更鸟

加利福尼亚州的早春，成群的知更鸟聚集在农场附近，贪婪地大吃着某些美味的浆果，然后在不知不觉中就醉倒了。"醉醺醺"的知更鸟会陷入危险的境地，它们的身体不受自己控制，更无法在空中敏捷地飞行，因此很可能会落入猫的利爪。

烟草天蛾

这种昼伏夜出的小蛾子长着长长的喙管，非常适合从曼陀罗花中吸取花蜜。喝完之后，它似乎醉了：这只行动迟缓、动作笨拙的小蛾子本来应该落在花朵上，却搞错了"着陆点"，晕乎乎地落到了叶子上，有时甚至会掉到地上。

BUKESIYI DE DONGWU

不可思议的动物

出版统筹：汤文辉
品牌总监：耿　磊
选题策划：耿　磊
责任编辑：戚　浩
助理编辑：宋婷婷
美术编辑：卜翠红
营销编辑：钟小文
版权联络：郭晓晨　张立飞
责任技编：王增元　郭　鹏

INCREDIBLE ANIMALS
Author: Dunia Rahwan
Illustrator: Paola Formica
© Dalcò Edizioni Srl
Via Mazzini n. 6 - 43121 Parma
www.dalcoedizioni.it – rights@dalcoedizioni.it
Simplified Chinese edition © 2021 Guangxi Normal University Press Group Co., Ltd.
All rights reserved.

著作权合同登记号桂图登字：20-2021-113 号

图书在版编目（CIP）数据

不可思议的动物 /（意）敦尼娅·拉赫万著；（意）保拉·福米卡绘；
林凤仪译. —桂林：广西师范大学出版社，2021.3
（原来世界这么奇妙）
书名原文：INCREDIBLE ANIMALS
ISBN 978-7-5598-3498-0

Ⅰ．①不… Ⅱ．①敦… ②保… ③林… Ⅲ．①动物—儿童读物
Ⅳ．①Q95-49

中国版本图书馆 CIP 数据核字（2021）第 013228 号

广西师范大学出版社出版发行

（广西桂林市五里店路 9 号　邮政编码：541004）
（网址：http://www.bbtpress.com）
出版人：黄轩庄
全国新华书店经销
北京盛通印刷股份有限公司印刷
（北京经济技术开发区经海三路 18 号　邮政编码：100176）
开本：965 mm×1 092 mm　1/12
印张：6　　　字数：80 千字
2021 年 3 月第 1 版　　2021 年 3 月第 1 次印刷
定价：84.00 元

如发现印装质量问题，影响阅读，请与出版社发行部门联系调换。